Starke Näh- und Stickideen

für Teenies ab 10 Jahren

urania

Ute Hammond

Starke Näh- und Stickideen

für Teenies ab 10 Jahren

Mit Fotografien von Uli Staiger

Inhalt

Vorwort

Du hast den Kopf voller Ideen und würdest sie so gerne „herauslassen"? Nähen, ja das wäre es doch! Nur weißt du leider nicht, wie du das anstellen sollst.
Du hast schreckliche Dinge vom Zuschneiden, von falsch in die Maschine eingefädeltem Garn und bockenden Spulen gehört?
Deshalb hast du dich gar nicht erst getraut anzufangen.

Für dich habe ich dieses Buch geschrieben.

Zuerst einmal zur Nähmaschine: Sie hat natürlich noch viel mehr Knöpfe als in der Zeichnung auf Seite 8. Ich habe aber nur diejenigen erklärt, die du für die Modelle hier in diesem Buch brauchst. Jede Maschine hat auch ihre eigene Anleitung, da kannst du dich (noch) schlauer machen.

In meinem Buch sind die Modelle alle ganz einfach, sodass du mit deinen Ideen spielen kannst. Die Kuscheltiere werden zu Schafen, Löwen, Eulen, Raben, Fröschen, Mäuslein, Elefanten und Störchen. Taschen und Täschlein kannst du mit Perlen, Spitzen und jeder Menge Knöpfen verändern. Mützen lassen sich schier endlos variieren, mit Blumen, Bändern, Perlen, Broschen, Bommeln und Fransen. Du kannst dich hier so richtig austoben. Übrigens: Auch dein Fahrrad wird einmalig mit der regenfesten Gepäcktasche.

Aber vielleicht möchtest du dir lieber etwas Schickes zum Anziehen nähen? Ich habe die Röcke, Hosen und Tops extra so einfach entworfen, dass du sie dank deiner Fantasie toll ausgestalten kannst. Was sich alles zaubern lässt? Röcke oder auch Hosen mit durchsichtigen Überröcken aus Spitzen und glänzendem Transparentstoff, Hosen mit bestickten Applikationen auf den Knien, Shorts mit Perlenschnüren an den Beinenden, Träger-Tops mit besticktem Ausschnitt und und und ...
Wenn du möchtest, wird Jule dir gerne helfen. Wer das ist? Schau nach auf Seite 31.

Damit du noch mehr entwerfen und nähen kannst, gibt es am Ende des Buches zwei „Kisten". Wieso Kisten? Weil man in Kisten so schön wühlen kann. In der Gewusst-wie-Kiste wird genau erklärt, was du wissen musst, um dein Traummodell nähen zu können. Das sind die rosafarbenen Seiten mit den Herzen. Ich nenne dir im Text immer die Seitenzahl. Und damit du auf diesen Seiten nicht lange suchen musst, gibt es jeweils ein kleines Herz mit einer Zahl, das dir die richtige Stelle anzeigt.

In der Ideen-Kiste findest du noch mehr Inspirationen, als du selbst schon hast. Mit anderen Worten: Hier gibt's jede Menge Vorschläge, wie du Modelle abändern und weiter verschönern kannst. Das sind die hellblauen Seiten mit den Blümchen. Auch für die Ideen-Kiste werden dir Seiten- und Blümchenzahl im Text angegeben.

Ich wünsche dir ganz viel Fantasie und Spaß beim Entwerfen, Nähen und Sticken.

Deine Ute Hammond

Kuschel-Wuschels

Das brauchst du

(Grundmaterial)
Polarfleece oder Baumwollstoff, 35 cm
passendes Nähgarn
Schere
Nähnadel
Beutel Füllwatte
Kochlöffel

Schnittmuster 1

Was ist denn das, wirst du dich fragen. Ganz einfach: Kuschel-Wuschels sind genau das, was du nähen möchtest. Denn all die kleinen Kuschelkissen, Bär, Hund oder Katze haben ein- und dieselbe Grundform und werden gleich genäht. Du kannst dir also aussuchen, wie dein persönliches Kuschel-Wuschel aussehen soll. Hauptsache, es gefällt dir.

- Schaue zuerst in der Gewusst-wie-Kiste (S. 67, 1). Dort findest du alles, was du am Anfang wissen musst. 7. kannst du hier weglassen. Schneide alles zu.

- Du hast es geschafft. Weiter geht's für alle Kuschel-Wuschels gleich. Jetzt nähst du den Körper: Hefte oder stecke die beiden Körperteile zusammen. Wie das mit dem Heften oder Stecken geht, habe ich dir in der Gewusst-wie-Kiste (S. 68, 2) erklärt. Lasse oben am Kopf eine Öffnung – so groß, dass deine Hand hineinpasst. Das ist die blaue Linie im Schnittmuster.

- Nun kannst du dort, wo du geheftet hast, nähen. Einmal rundherum und fertig. Nicht ganz: Zuerst wendest du das Ganze von innen nach außen.

- Danach füllst du den Körper mit Füllwatte. Schiebe mit dem Kochlöffelstiel die Füllwatte bis in die Beinchen und Arme. Fülle sie fest aus, sonst werden sie sehr schnell „labbelig" und sehen nicht mehr schön aus. Den Rest des Körpers kannst du mit der Hand stopfen.

- Knicke den Stoff an der Öffnung 1,5 cm nach innen und nähe ihn mit Überwendlingsstichen zu (Gewusst-wie-Kiste, S. 75 – 76, 21).

- Für die Haare schneidest du Wollfäden zurecht – ganz viele, ganz wenige, ganz lange oder ganz kurze. Je nachdem, ob es eine lange Mähne, ein Wuschelkopf oder nur ein paar Stoppelchen werden sollen. Auch die Haarfarbe wählst du gerade so, wie es dir gefällt.
Um Haare anzunähen, fädelst du die Wolle in die Sticknadel und stichst sie oben bei der Naht hindurch. Ziehe die Wolle aus der Nadel, zupfe an dem Wollfaden, sodass beide Enden gleich lang werden, mache zwei Knoten und schon sprießen zwei Haare am Kopf. Knote so viele an, wie du möchtest.

- Fertig genäht und geknotet, du weißt jetzt wie's geht, bis hierher nähst du alle Kuschel-Wuschels gleich.
Nun kannst du dir ein kleines Wesen aussuchen, das du am liebsten hättest (S. 12 – 13).

Tipp
Kennst du schon die berühmten Taschentiere? Ob Kissen oder Tier, genäht wird beides (fast) gleich. Der Unterschied: Die Tasche bleibt oben offen und Haare wie auch Ohren werden an der Vorderseite festgenäht. Wenn du deine Jacke oder deinen Pulli in die Tasche steckst, wird aus der Tasche ein Kuscheltier.

Franz, der Hund

Das brauchst du

(zusätzlich zum Grundmaterial)
schwarzen Polarfleece oder Filz für die Ohren, 10 cm
schwarzes Nähgarn
Taftband, 120 cm
2 braune Knöpfe für die Augen
schwarzen Knopf für die Nase
etwas schwarze Wolle für die Haare
dicke, spitze Sticknadel

• Du hast den Körper genäht und nun kommt das Allerbeste: Aus dem einfachen Kissen wird ein wunderhübscher Hund.

Schneide die Ohren aus (du findest sie auf dem Schnittmusterbogen). Stecke sie zuerst mit Stecknadeln fest und schaue, wo sie dir am besten gefallen. Manchmal muss man ganz oft stecken, wieder wegnehmen, nochmals stecken und wieder wegnehmen, bis man es richtig schön findet.

• Die Ohren haben ihren Platz gefunden und du nähst sie mit dem Vorstich an (Gewusst-wie-Kiste, S. 73 – 74, 19). Nun wirkt das Ganze schon recht „hundelig", aber sehen und riechen kann das arme Tier noch nichts.

Also nähe die Augen- und Nasenknöpfe an. Das geht genauso wie mit den Ohren: Erst einmal mit Stecknadeln feststecken, bis du den richtigen Platz gefunden hast. Dann annähen.

• Möchtest du, dass deinem Hund, so wie Franz vom Foto, Haare zwischen den Ohren wachsen, nimmst du einige zurechtgeschnittene Wollfäden, fädelst sie durch die Sticknadel und stichst sie oben bei der Naht hindurch. Mache zwei Knoten und schon hat dein Hund zwei Haare. Fehlt nur noch der Rest.

Miss Catty, die Katzendame

Das brauchst du

(zusätzlich zum Grundmaterial)
2 gelbe Knöpfe für die Augen
rosafarbenen Herzknopf für die Nase, Halskette oder Perlen, Anhänger (z. B. einen Handy-Schmuck-Anhänger)
Taftband, 120 cm

• Du hast den Körper genäht und nun geht's ans Ausschmücken: Aus der einfachen Grundform wird eine elegante Katzendame. Schneide die Ohren aus. Du findest sie auf dem Schnittmusterbogen. Mache es mit den Ohren genauso wie bei Franz.

• Jetzt suchst du den schönsten Platz für die Augen und die Nase. Gefunden? Dann nähe die Knöpfe fest und lege Miss Catty ein Taftband um den Hals. Schmücke sie so, dass eine elegante, extravagante Katzendame aus ihr wird.

Brummel, der Bär

Das brauchst du

2 braune Knöpfe für die Augen
schwarzen Knopf für die Nase
ein paar Glöckchen für die Halskrause, die du an eine Kordel oder ein Bändchen knotest

• Wenn du für den Körper einen Teddyfleece verwendest, musst du die Ohren „füttern". Du schneidest sie viermal aus und nähst sie an der runden Seite, natürlich „schöne" Seite auf „schöne Seite" zusammen. An dieser Stelle findest du eine grüne Linie.

• Lasse sie an der geraden Seite offen. Hier wendest du sie und knickst sie 1,5 cm nach innen. Das ist die blaue Linie auf dem Schnittmuster. Nähe sie mit Überwendlingsstichen am Kopf fest. Wie das geht, erfährst du in der Gewusst-wie-Kiste, S. 75 – 76, 21.

Die kleinen Kerle

Das brauchst du

Filz oder Fleecestück, 20 x 22 cm
100 cm Kordel
passendes Nähgarn
Stecknadeln
Nähnadel
spitze, dicke Sticknadel

Schnittmuster 2

Die kleinen Kerle für Handy, Taschentuch, Kaugummi, Geheimnisse: Sie sehen nicht nur niedlich aus, sondern sind auch praktisch und ganz leicht zu nähen. Du nähst sie genauso wie die großen Kuschel-Wuschels (S. 10 – 12).

• Der Unterschied: Sie werden nicht mit Watte gefüllt, bleiben oben am Kopf offen (es sei denn, du möchtest sie nicht als Täschchen, sondern als Kuscheltierchen) und haben eine Kordel zum Umhängen. Mache an dieser zuerst an beiden Enden einen Knoten, damit dir die Kordel nicht davonsaust, und nähe sie dann innen an den beiden „Kopfnähten" an.

• Auf dem Schnittmusterbogen findest du den Schnitt für den Körper. Du hast eine Million Möglichkeiten: Schau dir meinen Teufel Luzi, Lord Pinguin, Kobold Knubbel-Nase, Orbi, das kleine grüne Männchen und Enterich Paulchen an. Sicherlich fällt dir noch viel mehr ein.

Tipp
Paulchen ist aus einem alten Gästehandtuch entstanden.
Aber nicht vergessen zu fragen, bevor du losschneidest!

Taschen und Täschlein

Taschen sind etwas ganz Besonderes. Sie können praktisch, wunderschön und nützlich sein.
Du findest viele Vorschläge, wie du sie nach deiner eigenen Fantasie noch hübscher gestalten kannst. Hier gibt es drei Grundschnitte: die offene Tasche, die Tasche mit Klappe und den Beutel. Sie sind alle ungefähr 25 cm groß. Die Schnitte sind aber so einfach, dass du sie leicht vergrößern oder verkleinern kannst. Schau dir die Zeichnung auf dem Schnittmusterbogen an.

Tasche „Schau-mich-an"

Das brauchst du

roten Filz für die Tasche, 50 x 30 cm, 2 Stücke für die Henkel, 30 x 3 cm
rotes Nähgarn
2 Knöpfe
Maßband
Nähnadel
Bleistift
Taschentuch mit Foto

Die offene Tasche kannst du am schnellsten und leichtesten nähen. Sie ist einfach ein Stoffstreifen mit zwei Henkeln. Du kannst sie auch wunderbar dekorieren. Hier habe ich auf ein Taschentuch, das eigentlich zum Umhäkeln gedacht ist, einen Textil-Print von einem Foto machen lassen. Sehr hübsch ist auch, wenn du eines der Stickbilder aufnähst (siehe S. 58–66).

- Da die Tasche aus Filz besteht, brauchst du keine Nähte zu versäubern. Zuerst einmal schneidest du alles zu: einen Streifen, 50 cm lang und 30 cm breit. Wie du den Streifen gerade bekommst, findest du in der Gewusst-wie-Kiste (S. 68, 6).

- Jetzt schneidest du die Henkel zu: wieder zwei gerade Streifen, 3 cm breit und 30 cm lang.

- Nähe zuerst die beiden Henkel an. Miss auf der „nicht so schönen" Seite vom linken Rand zur Mitte 5 cm und vom rechten Rand zur Mitte auch 5 cm ab. Mache an dieser Stelle ein Bleistiftpünktchen.

- Miss von diesen Pünktchen zur Mitte 3 cm ab und zeichne dir wieder ein Pünktchen. Miss von den Pünktchen 3 cm nach unten. Zwischen all den Pünktchen nähst du deine Henkel an. Das Ganze wiederholst du noch einmal an der anderen Seite. Die Henkel sind damit festgenäht.

- Die „Fast-Tasche" liegt als langer Streifen vor dir und auf der Unterseite sind die Henkel. Stecke oder hefte (Gewusst-wie-Kiste, S. 68, 2) das Taschentuch auf der Seite, die dich anschaut, auf der einen Hälfte des Streifens fest. Das wird die Vorderseite.

- Nähe das Taschentuch oben am „Eingang" der Tasche fest. Danach faltest du die Tasche am Boden zusammen.

- Nähe die Tasche an drei Seiten zusammen und gleichzeitig das Taschentuch auf. Fadenvernähen nicht vergessen (Gewusst-wie-Kiste, S. 68, 3, 4)!

- Nähe dort, wo der Henkel endet, die Knöpfe an und schon bist du stolze Besitzerin einer ganz und gar ungewöhnlichen Tasche.

Tipp
Schneide die Träger länger zu und du hast eine Umhängetasche.

Taschen mit großer Klappe

Das brauchst du

(für alle Taschen mit großer Klappe)
Stoff für Oberseite und Träger, 36 cm
Stoff für Futter, 30 cm
passendes Nähgarn
Pappe, 18 x 20 cm
Maßband
Nähnadel
Sicherheitsnadel
Stecknadeln
Bleistift
Schere
Kochlöffel

Schnittmuster 3

Alle Klappen-Taschen sind gleich genäht, nur die Verzierungen sind verschieden.

Die Kuhtasche …

… hat keine Verzierungen und wirkt allein durch den Stoff.

• Schaue zuerst in der Gewusst-wie-Kiste (S. 67, 1) nach. Dort findest du alles, was du am Anfang wissen musst, 3. und 7. spielen hier keine Rolle. Stecke den Schnitt auf den Stoff und schneide die Tasche zu.

• Jetzt kannst du mit Nähen beginnen. Lege die beiden Stoffstreifen aufeinander, die „schöne" Seite auf die „schöne" Seite. Hefte sie zusammen, immer 1,5 cm von der Kante entfernt. Du weißt schon, das ist die berühmte Nahtzugabe (Gewusst-wie-Kiste, S. 69, 13). Der Heftstich wird in der Gewusst-wie-Kiste (S. 73 – 74, 19) beschrieben.

• Fange an der Ecke der langen Seite an zu nähen. Du kommst oben an der Ecke an und nähst um die Ecke herum. Wie das geht, erfährst du in der Gewusst-wie-Kiste (S. 68, 5).

• Dann nähst du die kurze Seite. Schon bist du wieder an der nächsten Ecke, „kurvst" um diese herum und nähst die zweite lange Seite zu. Du hast drei Seiten zusammengenäht. Vergiss nicht, die Fäden zu vernähen (Gewusst-wie-Kiste, S. 68, 3).

• Jetzt wendest du dieses Säcklein, das einmal eine Tasche werden soll, von innen nach außen. Das geht sehr einfach. Fahre mit dem Kochlöffelstiel innen an den Nähten entlang, sodass sie glatt und flach werden. Achte dabei besonders auf die Ecken. Wenn die Ecken, obwohl du ganz fest drückst, nicht richtig eckig werden, schau in der Gewusst-wie-Kiste (S. 68, 7) nach.

Tipp
Falls die Pappe sich nicht so richtig schieben lässt, schneide sie ein wenig kleiner.

• Dann geht's gleich weiter: Knicke die beiden Stoffe an der Seite, die du offen gelassen hast, 1,5 cm nach innen und ziehe die beiden Knicke zwischen Daumennagel und Zeigefinger hindurch, damit sie schön auf der Innenseite liegen bleiben. Stecke sie mit Stecknadeln fest.

• Auch das hast du geschafft. Schiebe die Pappe in das „Säcklein" hinein – am besten bis zur Klappe hin, du kannst dann besser nähen. Nähe die offene Seite, dort wo du den Stoff nach innen geknickt hast, ganz nah am Rand zu.

• Nun nähst du Vorder- und Rückteil zusammen. Wie alles in diesem Buch ist auch das sehr einfach: Die „schönen" Seiten des Täschleins befinden sich auf der Innenseite und du nähst die beiden Seiten nahe am Rand zusammen. Nähe vom Boden zur Klappe hin, dann stört dich die Pappe nicht! Jetzt kannst du alles wenden, die „schöne Seite" liegt außen.

• Als Nächstes schiebst und schüttelst du die Pappe in das Rückenteil deiner Tasche. Schau es dir auf dem Vorlagenbogen an. Dort steht, bis wohin du die Pappe schiebst.

• Nun geht's an die Umhängeträger: Dein Stoff ist sicher wenigstens 90 cm breit, das ist die Länge deines Trägers. Wenn du einen breiteren Stoff hast, schneide den Streifen so ab, wie du den Träger lang haben möchtest. Schneide einen 8 cm breiten, geraden Streifen. Ist dir dieser Träger zu schmal? Dann schneide den Streifen breiter – statt 8 cm, z. B. 10 oder 12 cm. Wie du einen Träger machst, erfährst du in der Gewusst-wie-Kiste (S. 70, 15).

• Der Träger ist gewendet und die „schöne" Seite befindet sich außen. Du hast alles, was mit der Maschine zu nähen ist, fertig. Jetzt nähst du 3 cm von der Taschenöffnung nach unten gemessen den Träger über den beiden Seitennähten an. Mit der Hand geht das am einfachsten. Verwende Überwendlingsstiche. Wie das geht, habe ich in der Gewusst-wie-Kiste (S. 75 – 76, 21) beschrieben.

• Nähe den Träger an beiden Seiten fest. Schau dir die Zeichnung an.

• Beide Trägerseiten sind festgenäht und du bist fertig. Ist sie nicht wunderschön geworden, deine Tasche? Sie kann natürlich noch viel, viel schöner werden. Sicher hast du selbst auch noch jede Menge Ideen.

Träger annähen

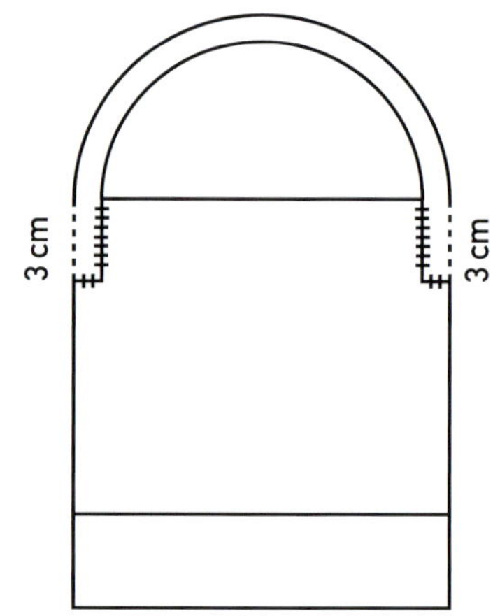

Tipp
Manchmal knäuelt der Stoff sich am Anfang wie eine Ziehharmonika zusammen. Dann schiebe ein wenig mit einem Kochlöffelstiel nach.

Tasche mit Fransen

Das brauchst du

Filz für die Außenseite
Baumwollstoff für die Innenseite
Taftband für die Fransen, 5 m lang, 2 cm breit (Wenn du es schön bunt möchtest, brauchst du je 1 m in fünf verschiedenen Farben)
spitze Sticknadel, Stärke 18

- Die Tasche nähst du genauso wie die Kuhtasche (siehe S. 17 – 18).

- So bringst du die Fransen an: Schneide 20 cm lange Stücke von den Bändern. Das geht am einfachsten, wenn du ein Lineal auf das Bändchen legst und bei 20 cm immer einen Strich machst.

- Fädle das Band so durch die Sticknadel, dass du ein langes und ein kurzes Ende hast. Dann stichst du durch den Oberstoff der Taschenklappe, führst das Bändchen hindurch, fädelst es aus der Nadel und ziehst am kurzen Schwänzchen, bis beide Enden gleich lang sind. Fehlt nur noch ein Knoten und fertig ist deine erste Franse. Das ging einfach, oder? Aber mit der einen Franse bist du sicherlich nicht zufrieden. Also, schmücke weiter! Bei meiner Tasche sind es in der obersten Reihe 11 Fransen, in der mittleren und der untersten Reihe sind es je sechs Stück. Lasse zwischen den Bändchenreihen immer 5 cm frei.

Beutel mit Quaste

Das brauchst du

schwarzen Stoff, 50 x 40 cm
passendes Nähgarn
schwarzes Satinband, 1,50 m lang, 11 mm breit
dicke Baumwolle für die Quaste, 1 Knäuel
Pappe, 15 x 15 cm
Maßband, Sicherheitsnadel
Stecknadeln
Bleistift
Papier- und Stoffschere

Früher nannte man diesen kleinen Ausgehbeutel einen Pompadour. Madame Pompadour war eine berühmte Dame am französischen Hof und hat das Beutelchen erfunden. Obwohl man es ihm nicht ansieht, ist der Beutel sehr einfach zu nähen.

• Nähe oben und unten einen Tunnel. Wie das geht, erfährst du haarklein in der Gewusst-wie-Kiste (S. 69, 12). Diese beiden Tunnel sind 2 cm breit. Sind beide Tunnel fertig, kommt das Zusammennähen des Beutels.

• Falte deinen Stoff, die „schöne" Seite auf die „schöne" Seite, sodass die langen Seiten aufeinanderliegen. Die grüne Linie in der Zeichnung zeigt dir, wo du entlangnähen musst. Dass der Tunnel am Anfang und Ende offen bleibt, ist ja klar.

• Du hast alles genäht und vor dir liegt eine Art „Ofenrohr". Aber keine Angst, gleich wird's schöner. Schiebe Sicherheitsnadel und Bändchen durch den Tunnel hindurch. Auf der anderen Seite angekommen, ziehst du fest an, sodass der Beutel geschlossen wird. Schneide das Bändchen kurz ab. Mache zwei, drei Knoten und schiebe die beiden „Schwänzchen" in den Beutel hinein.

• Ziehe das andere Bändchen durch den oberen Tunnel. Hier ziehst du natürlich nicht so fest zu, denn du willst später Handy, Taschentücher, Portemonnaie (und was immer du unterwegs brauchst) im Beutel verstauen.

• Verknote das Bändchen am Ende und du hast einen schönen Henkel.

• Jetzt kommt die Quaste. Wie du sie anfertigst, erfährst du in der Gewusst-wie-Kiste (S. 70–71, 16).

• Die Quaste ist fertig. Schiebe beide Fäden der Wicklung unten in den Beutel hinein. Verknote beide Fäden auf der Innenseite mit dem Satinbändchen.

• Nun „fabrizierst" du den Boden: Suche einen runden Gegenstand – einen Topf, eine Blumenvase oder eine Schüssel – mit einem Durchmesser von ca. 15 cm. Den Gegenstand stellst du auf die Pappe, fährst mit dem Bleistift drumherum und hast einen schönen Kreis, den du mit der Papierschere ausschneidest. Schiebe die Pappscheibe in den Beutel, damit er einen festen Boden bekommt.

• Fertig ist dein Pompadour – sicher wirst du sehr bewundert werden. Und wenn man erst erfährt, dass du ihn selbst genäht hast, wird die Bewunderung grenzenlos sein.

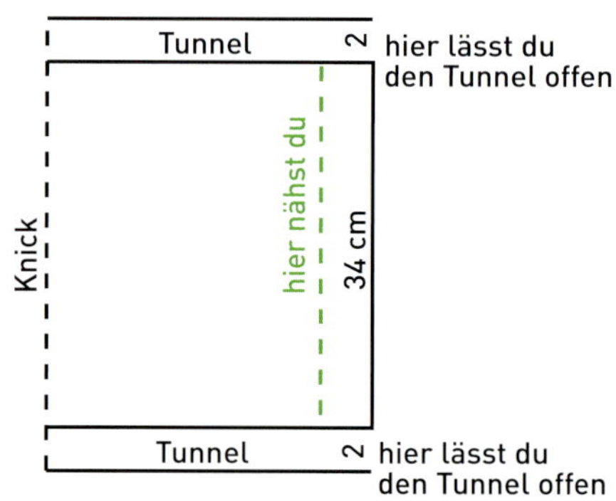

Rund um den Kopf

Bommelmütze

Das brauchst du

roten Filz, 50 x 30 cm
passendes Nähgarn
2 schwarze Bommeln
dicke, spitze Sticknadel
Stecknadeln
Schere
Kochlöffel

Diese Mütze hast du ruckzuck genäht. Da sie aus Filz ist, brauchst du keine Kanten zu versäubern. Und du nähst sie nur mit zwei Nähten zusammen.

• Knicke den Filz in der Breite so, dass beide Seiten gleich lang sind. Schau dir die Zeichnung an, dann kann nichts schief gehen.

• Nähe vom Knick zur offenen Seite, zuerst die eine Seite und dann die andere. Das ist die grüne Linie in der Zeichnung. Wie du den Streifen gerade bekommst, steht in der Gewusst-wie-Kiste (S. 68, 6).

• Fertig, du hast beide Seiten geschlossen. Wende deine Mütze von innen nach außen. Probiere sie auf. Passt sie? Gut. Aber sie sieht aus wie eine Kochhaube? Dann mache schnell weiter: Schiebe den Stoff, der dir fast bis zur Nase reicht, nach innen. So weit, wie du möchtest und wie es dir gut steht. Manche Menschen sehen toll aus, wenn die Stirn bedeckt ist und der Mützenrand an den Augenbrauen endet. Anderen steht es viel besser, wenn die Mütze am Haaransatz anfängt. Probiere aus, wie du dir am besten gefällst. Setze die Mütze vorsichtig wieder ab, damit der eingeschlagene Rand sich nicht verschiebt.

• Nun kannst du den Rand mit Stecknadeln feststecken oder heften (Gewusst-wie-Kiste, S. 68, 2) und dann einmal rundherum nähen. Achte darauf, dass beide Seitennähte schön flach aufgeklappt sind, wenn du darübernähst.

• Deine Mütze sitzt gut, steht dir toll, sieht aber nicht gerade peppig aus? Das lässt sich ändern: Nimm den Kochlöffel und schiebe ihn von außen nach innen in die beiden oberen Ecken. Es entstehen zwei kleine, spitze Tüten. In diese steckst du beide Bommeln.

• Schau noch einmal in den Spiegel. Gefällst du dir? Dann kannst du beide Bommeln befestigen. Am Ende einer Bommel gibt es zwei Fäden. Fädele diese durch die Sticknadel. Stich die Sticknadel ganz unten am Ende bei der Spitze des „Tütchens" nach innen in die Mütze, erst die eine, dann die andere. Du kannst sie jetzt festnähen.

• Statt die Bommeln in die „Tütchen" zu stecken, kannst du sie auch einfach an den Seiten herunterhängen lassen.

• Dir gefallen Bommeln nicht so gut? Dann schau in die Ideen-Kiste (S. 78, 4).
Ob Bommeln oder nicht Bommeln, eines ist sicher: Mit dieser Mütze bist du der Hit.

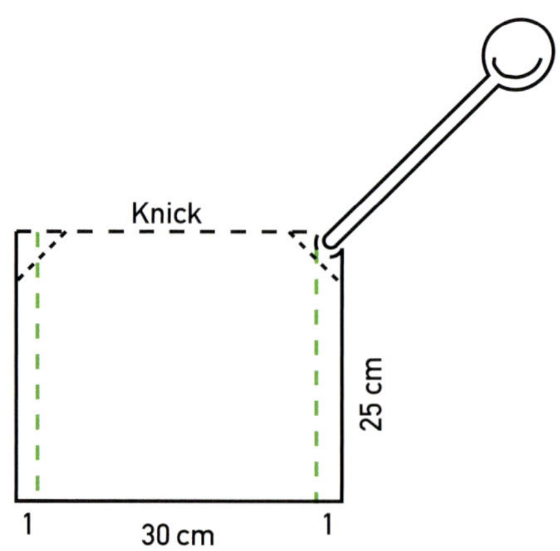

Verzauberter Taschen-Hut

Das brauchst du

grünen Filz, 40 x 65 cm
passendes Nähgarn
grünes Band, 110 cm lang, 2 cm breit
dünnes Seidenpapier für das Schnittmuster
Bleistift
Schere
Stecknadeln, Druckknopf
Nähnadel
Lineal
Sicherheitsnadel

Schnittmuster 4

Auch ohne „Simsalabim“ kannst du aus dem Hut eine Tasche zaubern. Oder aus der Tasche einen Hut ...

• Schaue zuerst in die Gewusst-wie-Kiste (S. 67, 1). Dort findest du alles, was du am Anfang wissen musst. 7. brauchst du hier übrigens nicht.

• Schneide die vier Hutteile aus. Sehen sie nicht wie kleine Zwergen-Zipfelmützen aus?

• Nähe die vier Teile zusammen. In der Zeichnung siehst du genau, wo du was womit zusammennähst: Lege Teil 1 und Teil 2 mit der „schönen“ Seite aufeinander. Nähe von der breiten Seite zur Spitze hin. Das ist die grüne Linie in der Zeichnung.

• Die Naht ist fertig. Vernähe nun den Faden (Gewusst-wie-Kiste, S. 68, 3).

• Jetzt nimmst du Teil 3 und nähst es an Teil 2. Das ist die blaue Linie. Du nähst natürlich genauso wie bei Teil 1 und 2.

• Und zum Schluss nähst du Teil 4 an Teil 3. Das ist die rote Linie.

• Fast fertig. Vor dir auf dem Tisch liegt kein Hut, sondern eher etwas, das an eine Fledermaus erinnert. Aber das wird sich ändern: Nähe Teil 1 mit Teil 4 zusammen, das sind die beiden orangefarbenen Linien. Erkennst du den Hut? Bügle die Nähte auseinander, sodass sie schön flach sind.

• Nun nähst du einen Rand an. Schneide einen Streifen,

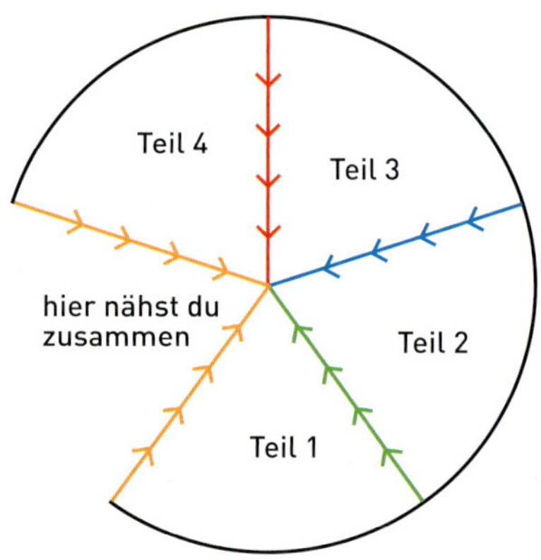

der 62 cm lang und 12 cm breit ist, zu. Wie der Streifen schön gerade wird, habe ich dir in der Gewusst-wie-Kiste (S. 68, 6) erklärt.

- Nun stülpst du die „schöne“ Seite nach außen. Beginne 1,5 cm vor einer der Nähte zu nähen, ganz gleich bei welcher. Wichtig ist nur, dass der Hutrand 1,5 cm vor der Naht überlappt. Das ist die Nahtzugabe. Diese 1,5 cm brauchst du am Schluss, um den Hutrand zusammenzunähen.

- Lege den Rand, den du gerade geschnitten hast, auf der Innenseite in deinem Hut herum. Die „schöne“ Seite des Randes liegt auf der „nicht ganz so schönen“ Seite des Kopfteils. Die 1,5 cm am Ende hängen einfach so herum. Nähe als Nächstes den Hutrand fest.

- Ist dein Hutrand ein wenig zu lang geraten? Dann schneide ihn ab – aber nicht ganz, auch hier müssen 1,5 cm Nahtzugabe bleiben.

- Nähe den Rand, von dort, wo er angenäht ist, 2 cm zu. Lasse 2 cm offen und nähe den restlichen Rand zu. An der offenen Stelle ist später der „Eingang“ für dein Band.

- Als Nächstes nähst du noch den Rand oben bei der Anfangsnaht fest. Jetzt ist aus deinem Hutrand ein Tunnel geworden (Gewusst-wie-Kiste, S. 69, 12).

- Ziehe das Band mit der Sicherheitsnadel durch den Tunnel. Damit du dieses „Zauberteil“ als Hut tragen kannst, klappe den Rand noch einmal nach oben und binde eine schöne Schleife.

- Um den Hut zur Tasche zu „verzaubern“, bringst du an den Bandenden einen Druckknopf an, am besten einen zum Einhämmern. Es gibt sie in vielen Farben zu kaufen – mit genauer Beschreibung.

- Anschließend klappst du den Rand wieder nach unten. Öffne die Hut-Schleife, drücke den Druckknopf zusammen und ziehe das Band so fest an, dass die Mütze sich schließt: Das Band ist der Henkel und du hast eine wunderschöne kleine Beuteltasche!

Vergiss nicht, die Fäden zu vernähen. Auch dazu habe ich dir etwas in der Gewusst-wie-Kiste (S. 68, 3) geschrieben. Jetzt kannst du das Gummiband hindurchziehen (Gewusst-wie-Kiste, S. 70, 14).

- Beide Enden treffen sich. Nun musst du sie verbinden. Ziehe zuerst deinen „Fast-Rock" an und miss das Gummiband noch einmal nach, damit es dir richtig passt. Achte darauf, dass es dir nicht wieder in den Tunnel rutscht!

- Alles passt und du hast zwei Alternativen, das Gummiband zu verbinden. Möglichkeit 1, die ordentliche Lösung: Du legst beide Enden übereinander und nähst sie mit Vorstichen zusammen (Gewusst-wie-Kiste, S. 70, 14). Möglichkeit 2, die nicht so feine Art: Du steckst die beiden Enden mit der Sicherheitsnadel zusammen.

- Jetzt kannst du deinen Rock zum ersten Mal anprobieren. Gefällst du dir? Viel hast du nicht mehr zu nähen – nur noch den unteren Saum. Er wird genauso genäht wie der Rockbund: 1 cm nach innen knicken, noch einmal 4 cm nach innen knicken und das Ganze erst einmal feststecken.

- Auch wenn du alles ganz genau abgemessen hast, ist der Rock manchmal doch nicht an allen Seiten gleich lang. Vielleicht hilft dir eine Freundin, den Rocksaum zu begradigen. Das geht so: Du trägst den Rock, deine Freundin kniet am Boden und versucht, den Rock zu richten. Der Trick dabei? Je nachdem, wie weit der Rocksaum vom Boden entfernt sein soll, sucht ihr euch ein Buch, ein Brotbrettchen oder Ähnliches, das genau den Abstand vom Fußboden zum Rocksaum hat. Jetzt kann die Freundin in dieser Höhe den Rocksaum rundum gleichmäßig umstecken. Beim Mini und Midi funktioniert dieser Trick natürlich nicht so gut. Aber mit dem Maßband geht's auch!

- Du bügelst den Saum glatt, nähst ihn fest und fertig ist dein Rock.

- Übrigens: Ganz tolle Schneiderinnen und Schneider nähen den Rocksaum mit Überwendlingsstichen von Hand um (Gewusst-wie-Kiste, S. 75–76, 21).

- Nachdem du alles Wichtige weißt, kannst du die Röcke von den Fotos nähen.

Tipp
Da die Röcke einen Gummizug haben, kannst du sie auch auf der Hüfte tragen. Die Anleitung zum Top auf dem Foto findest du auf S. 56.

Midi-Rock

Das brauchst du

Stoff in der gewünschten Breite und Länge (siehe Grundanleitung)
passendes Nähgarn
weißes oder schwarzes Gummiband, 3 cm breit, 5 cm länger als deine Taillenweite, Maßband
Nähnadel, Sicherheitsnadel
Schneiderkreide, Stecknadeln
Schere

- Eigentlich muss ich dir zum Midi-Rock gar nicht mehr viel sagen. Er wird nämlich ganz genauso wie in der Grundanleitung beschrieben genäht.

- Dein Rock ist fertig und du bist sicher sehr stolz auf dein Werk. Du möchtest ihn noch ein wenig verwandeln? Dann schau in der Ideen-Kiste nach (S. 78–79, 7). Sicherlich findest du dort ein paar Ideen.

Maxi-Rock

Das brauchst du

Stoff in der gewünschten Breite und Länge (siehe Grundanleitung)
passendes Nähgarn
weißes oder schwarzes Gummiband, 3 cm breit, 5 cm länger als deine Taillenweite
Maßband
Nähnadel
Sicherheitsnadel
Schneiderkreide
Stecknadeln
Schere

- Sehr praktisch: Der Maxi-Rock wird genauso genäht, wie in der Grundanleitung beschrieben (S. 32–34).

- Übrigens: Der Schlitz geht hier bis zum Schienbein. Du kannst ihn seitlich, hinten und vorne tragen. Gerade bei langen Röcken sorgt er dafür, dass du deine Beine freier bewegen kannst.

Mini-Rock

Das brauchst du

Stoff in der gewünschten Breite und Länge (siehe Grundanleitung)
passendes Nähgarn
weißes oder schwarzes Gummiband, 3 cm breit, 5 cm länger als deine Taillenweite
Maßband
Nähnadel
Sicherheitsnadel
Schneiderkreide
Schere

- Was soll ich sagen? Auch zu diesem Rock muss ich gar nicht mehr viel erklären. Er wird nämlich genauso wie der Maxi genäht – oder wie der Midi. Du kannst alles in der Grundanleitung nachlesen (S. 32–34).

- Fertig ist dein Rock. Toll sehen auch passende Träger aus. Du kannst sie genauso nähen und befestigen wie die vom Träger-Top auf Seite 46.

Hosen ohne Ende

Alle Hosen in diesem Kapitel werden genau gleich genäht. Sie unterscheiden sich nur durch die Länge, den Stoff und die Verzierungen.

Zuschnitt

• Zuerst musst du deinen Stoff zuschneiden. Viele Näherinnen fürchten sich davor, aber es ist sehr einfach. Etwas ist dabei sehr wichtig: Jeder Stoff hat einen sogenannten Fadenlauf, der beachtet werden muss. Mehr dazu habe ich dir in der Gewusst-wie-Kiste (S. 69, 11) erklärt.

• Am Ende des Buches gibt es einen Schnittmusterbogen. Wenn du diesen auseinanderfaltest, siehst du den Hosenschnitt. Und wie bekommst du den Schnitt auf deinen Stoff? Hierzu findest du alles in der Gewusst-wie-Kiste (S. 67, 1).

• Wie du das Schnittmuster auf dem Stoff feststeckst, siehst du in der Zeichnung auf dem Schnittmusterbogen. Sie zeigt genau, wie die beiden Teile liegen sollen.

Lange Hose

Das brauchst du

Stoff, 110 cm lang, 150 cm breit
passendes Nähgarn
weißes oder schwarzes Gummiband, 3 cm breit, 5 cm länger als deine Taillenweite, Maßband
Nähnadel, Sicherheitsnadel
Stecknadeln, Schere

Schnittmuster 6

• Schneide die Hosenteile zu. Vergiss die Nahtzugabe nicht (Gewusst-wie-Kiste, S. 69, 13).

• Dann versäuberst du alle Schnittkanten (Gewusst-wie-Kiste, S. 69, 9). Lege die „schönen" Seiten auf die „schönen" Seiten.

• Hefte je ein vorderes und ein hinteres Hosenteil an den Außenseiten zusammen. Wie das mit dem Heften geht, findest du in der Gewusst-wie-Kiste (S. 68, 2). Die blauen Linien und Zahlen **1** und **2** gehören aufeinander (Abb. 1).

• Jetzt nähst du beide Hosenteile mit der Maschine zusammen. Bügle die Naht auseinander.

• Dann machst du das Ganze noch einmal, du hast schließlich zwei Beine.

• Genäht, gebügelt und weiter geht's: Du heftest wieder zuerst und nähst danach die rückwärtige Mittelnaht vom Bund bis zum Schritt, natürlich „schöne" Seite auf „schöne" Seite. Das sind die gelbe Linie und die **3** und **4**. Bügle auch diese Naht wieder auseinander.

Abb. 1

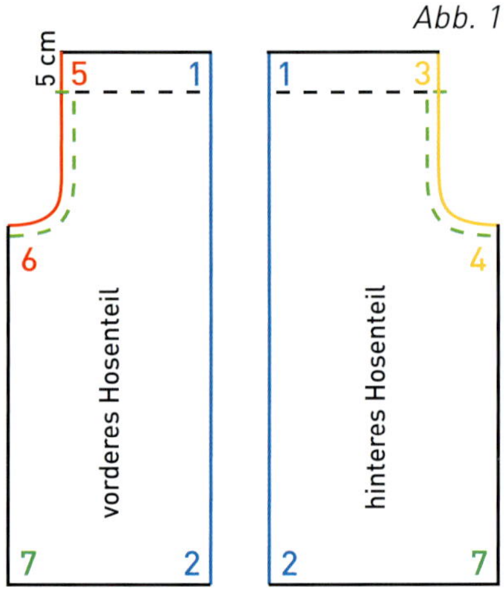

• Dann nähst du die vordere Mittelnaht. Rote Linie und die **5** und **6** liegen aufeinander. Aber hier passiert noch etwas anderes. Du nähst die Naht nicht bis ganz zum Ende am Bund, sondern hörst 5 cm früher auf. Warum? Schau dir die Zeichnung an. Diese 5 cm sind die „Öffnung", durch das das Gummiband in den Tunnel schlüpft. Damit du genau weißt, was ich meine, findest du in der Zeichnung eine grüne Linie. Auf ihr nähst du.

- Du hast auch das geschafft und bügelst die Naht wieder auseinander. Was du bis hierhin genäht hast, sieht eher aus wie ein Röckchen. Aber das wird gleich anders.

- Jetzt kommt eine lange Naht – du nähst nämlich die beiden inneren Beinnähte zusammen. Aber erst einmal wird geheftet. Wo genau? Schau auf die Zeichnung: bei der grünen Linie von der 7 zur 7 (Abb. 2).

- Und jetzt? Statt einer schicken Hose wie auf dem Foto liegt vor dir eine riesige, weite Schlabber-Clownshose. Also nähe schnell weiter – zuerst den Bund. Das geht genauso wie bei den Röcken. Schau nach auf Seite 33.

- Nun musst du nur noch die Hosenbeine auf die richtige Länge bringen. Ziehe die Hose an und stecke sie mit Stecknadeln in der Höhe fest, die du schön findest. Suche jemanden, der nachschaut oder – noch besser – nachmisst, ob beide Beine gleich lang sind.

- Beide Hosenbeine sind gleich lang und gerade. Nun nähst du sie genauso um wie den Rocksaum (S. 34), erst das eine Bein, dann das andere.

- Du möchtest die Hose noch ein wenig schicker haben? Schau in der Ideen-Kiste nach (S. 77, 1, 2).

Tipp
Achte darauf, dass die auseinandergebügelten Nähte auch beim Darübernähen schön flach bleiben.

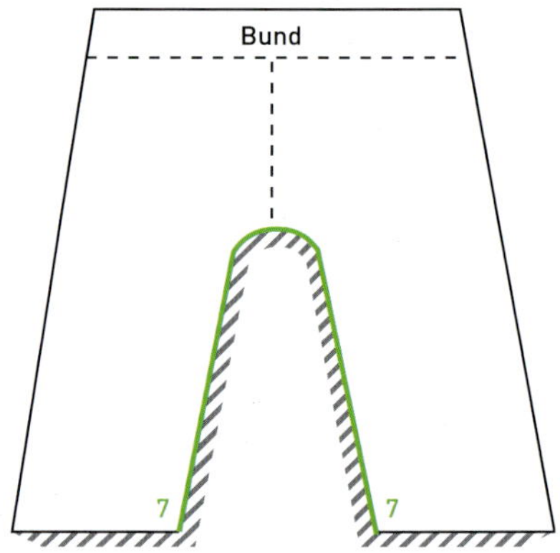

Abb. 2

Dreiviertel-Hose

Das brauchst du

Stoff, 95 cm lang, 150 cm
(ansonsten siehe „lange Hose")

Schnittmuster 6

- Genäht wird die Dreiviertel-Hose ganz genauso wie die lange. Ich finde es ganz schick, wenn an den Seitennähten Knöpfe angebracht werden.
Möchtest du deine Hose noch extravaganter verzieren, schau nach in der Ideen-Kiste (S. 79, 8).

Shorts

Das brauchst du

Stoff, 50 cm lang, 150 cm breit
(ansonsten siehe „lange Hose")

Schnittmuster 6

- Auch die Shorts nähst du ganz genauso wie die lange Hose, halt nur kürzer. Bevor du zuschneidest, miss an dir selbst ab, wie lang oder kurz du die Hose haben möchtest.

Tipp
Das Träger-Top findest du auf S. 46.

Top mit Perlen und Quasten

Das brauchst du

lavendelfarbenen Stoff,
100 cm passendes Nähgarn
Seidenpapier für das Schnittmuster
Bleistift
Sicherheitsnadel
Nähnadel
Stecknadeln
Maßband
Schere

Für die Quasten
1 Garnknäuel
80 Perlen
Sticknadel für die Quaste, Stärke 18
Sticknadel für die Perlen, Stärke 22

Für die Perlenschnüre
760 geschliffene Acrylperlen
passendes Nähgarn
stumpfe Sticknadel zum Auffädeln, Stärke 22
dünne, lange Stopfnadel zum Annähen

Schnittmuster 7

Dieses Top ist ganz raffiniert mit Quasten und Perlen verziert. Du nähst es genauso wie das Top mit Schleife (S. 42–43). Die Unterschiede: Dieses Top ist lang, hat keinen Gummizug in der Taille (du nähst es deshalb an beiden Seiten bis unten zu), es gibt keine Satinschleife am Hals, sondern ein schmales Band aus dem gleichen Stoff und natürlich die wundervollen Verzierungen.

- Du hast das Top genäht, jetzt kommt das Band: Schneide ein 80 cm langes und 5 cm gerades Band (Gewusst-wie-Kiste, S. 68, 6). Nähe von einem Ende bis zum anderen. Vergiss nicht, 1,5 cm weiter innen zu nähen, das ist die Nahtzugabe.

- Nun wendest du deinen Schlauch (Gewusst-wie-Kiste, S. 70, 15).

- Du hast das Band für den Ausschnitt fertig genäht. Möchtest du wie auf dem Foto zwei Quasten anbringen, faltest du beide Enden 1 cm um, bügelst einmal darüber und nähst sie so fest. Nun hast du zwei kleine Schlaufen. Durch diese kannst du die Schnur der Quaste ziehen. Und wie machst du eine Quaste? In der Gewusst-wie-Kiste (S. 70–71, 16) habe ich sie dir genau beschrieben. Die Fransen für dieses Modell sind 10 cm lang.

- Die Perlenschnur sieht nicht nur wunderschön aus, sie ist auch einfach anzufertigen: Zuerst einmal fädelst du alle Perlen auf den Nähfaden auf. 760 Perlen klingt entsetzlich viel, aber es ist so gemütlich, wenn man dabei „Fernsehen hört" oder eine CD oder einfach nur mit der Freundin redet. Du fädelst und fädelst und fädelst und plötzlich bist du fertig.

- Nun nähst du die Perlenschnur an den Bund. Fädle dir den Nähfaden durch die Nadel und mache am Ende einen Knoten. Stich direkt bei der Naht von unten nach oben. Ziehe die erste Perle deiner Perlenschnur ein klein wenig von den anderen Perlen weg. Den Faden in der kleinen Lücke nähst du jetzt auf der Naht fest. Fahre mit der Nadel von dieser Stelle auf der Unterseite 3 cm zur Seite. Ob nach links oder rechts ist ganz egal. Stich deine Nadel von unten nach oben durch den Stoff hindurch. Zähle die nächsten 20 Perlen von deiner Perlenkette ab. Schiebe die 20. und die 21. Perle ein wenig auseinander, sodass wieder ein Stückchen Faden blank liegt, und nähe diesen auf der Naht fest. So geht es immer weiter und weiter um das ganze Top herum.

- Jetzt kannst du dein Top anziehen – ist es nicht wunderschön geworden? Ich hoffe, es gefällt dir.

Träger-Top

Das brauchst du

Baumwollstoff, 40 cm
passendes Nähgarn
Nähnadel
Gummiband, 90 cm lang, 25 mm breit
Stecknadeln
Maßband
Schere
Schneiderkreide

Dieses Top ist so einfach, dass du noch nicht einmal ein Schnittmuster brauchst. Du kannst es dir in der Größe S oder M nähen. Die Angaben für die Größe M findest du jeweils in Klammern.

- Schneide ein Stoffstück zu, das die Maße 50 (52) x 110 (120) cm hat. Die 50 (52) cm sind die Länge deines Tops und die 110 (120) cm die Weite.

- Miss deine Länge von der Achsel bis zur Taille, damit du sicher bist, dass die Länge, die ich hier angebe, für dich richtig ist. Du brauchst 9 cm mehr Stoff als die Länge, die du gemessen hast. Wozu? 5 cm für den unteren Bund und 4 cm für den oberen Saum.

- Versäubere zuerst die Längsnaht. Wie's geht, habe ich dir in der Gewusst-wie-Kiste (S. 69, 9) beschrieben.

- Lege das Stoffstück vor dich auf den Tisch und falte die „schöne" Seite auf die „schöne" Seite. Miss von der oberen Kante der kurzen Seite 2 cm zur Mitte (Abb. 1).

- Markiere dir diese Stelle mit der Schneiderkreide. Miss noch einmal an der unteren Kante 2 cm zur Mitte und mache wieder einen Strich mit der Schneiderkreide. Jetzt kannst du den Stoff an dieser Stelle zusammenheften (Gewusst-wie-Kiste, S. 68, 2) und dann zusammennähen, von der Taille in Richtung Ausschnitt.

- Hier hörst du 4 cm früher zu nähen auf, das wird der Schlitz, durch den du das Gummiband ziehst.

- Du hast die Naht zugenäht und bügelst sie nun auseinander. Als Nächstes nähst du den unteren Saum, den Taillenbund. Falte den Stoff an der unteren Schnittkante 1 cm nach innen, also die „nicht so schöne" Seite auf die „nicht so schöne" Seite. Schau dir die Zeichnung an, an dieser Stelle ist eine blaue Linie gezeichnet (Abb. 2). Bügle diesen Knick.

- Und weil es so schön war, machst du das Ganze noch einmal.

Aber dieses Mal sind es 4 cm, die du den Stoff nach innen faltest. Nähe den Saum rundherum fest.

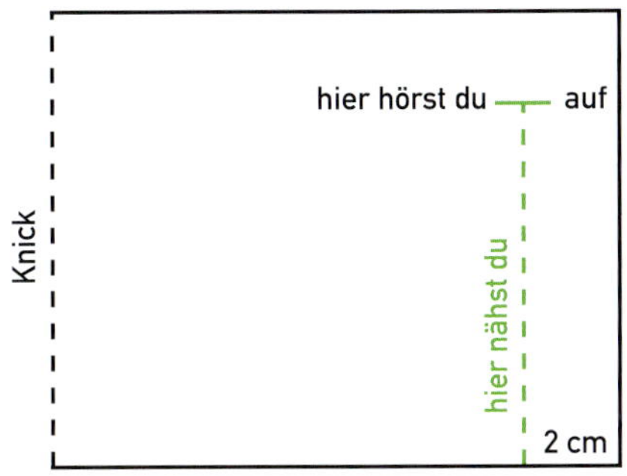

Abb. 1

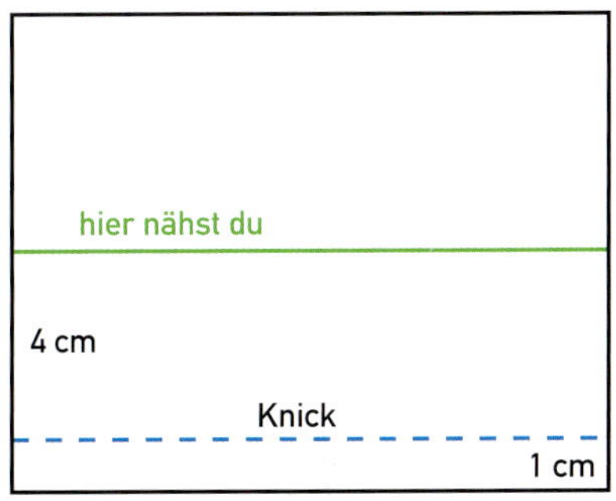

Abb. 2

• Nun nähst du den Tunnel für die Oberkante des Tops. Alles über den Tunnel findest du in der Gewusst-wie-Kiste (S. 69, 12). Du nähst ganz genauso wie für den Taillenbund. Einziger Unterschied: Du faltest die Oberkante nicht 4, sondern nur 3 cm nach innen. Und du nähst das Ganze auch nicht vollständig zu, weil du einen „Eingang" für das Gummiband brauchst.

• Nun ziehst du das Gummiband ein. Alles Weitere dazu kannst du wie immer in der Gewusst-wie-Kiste (S. 70, 14) nachlesen.

• Als Nächstes nähst du die Träger. Auch das ist wie alles in diesem Buch sehr einfach. Die fertigen Träger sind 3 cm breit und 40 cm lang. Schneide dir dafür zwei 9 cm breite und 44 cm lange gerade Streifen zu. Wie's weitergeht, steht in der Gewusst-wie-Kiste (S. 70, 15).

• Du hast den Träger genäht. Knicke jetzt die beiden offenen Enden 2 cm nach innen in die „Wurst", bügle noch einmal darüber und nähe sie zu. Du kannst das mit der Nähmaschine machen oder von Hand mit Überwendlingsstichen (Gewusst-wie-Kiste, S. 75–76, 21). Fäden vernähen nicht vergessen!

• Jetzt nähst du die Träger an dein Top an, die Naht liegt an der Seite, dort sieht man sie fast gar nicht. Ein bisschen weit ist das Top oben herum schon noch. Deshalb ziehst du das Gummiband so fest an, dass es genau passt. Nicht zu weit und nicht zu eng. Das Top wieder ausziehen, Gummiband mit Vorstich (Gewusst-wie-Kiste, S. 73–74, 19) zusammennähen, das Top wieder anziehen. Nun sitzt es ganz genau. Verteile die Falten ein wenig, sodass du mehr Weite am Rücken und am Vorderteil erhältst. An den Seiten ist es ganz flach.

• Stecke die beiden Träger vorne am Ausschnitt mit Stecknadeln fest. Ziehe das Top vorsichtig wieder aus. Lege es vor dich auf den Tisch, sodass das Rückenteil dich anschaut, und stecke die Träger an den gleichen Stellen wie am Vorderteil fest. An diesen vier Stellen nähst du sie auf der Innenseite an, mit der Nähmaschine oder von Hand, wie du möchtest.

• An den Stellen, an denen die Träger sitzen, nähst du noch vier Knöpfe an und fertig ist dein Top. Ist es dir noch nicht aufregend genug? Schau in der Ideen-Kiste nach (Ideen-Kiste, S. 78, 5).

Kuschel-Jacke

Das brauchst du

Polarfleece, 1,20 cm
passendes Nähgarn
passendes Schrägband, 50 cm, schönen Knopf
schwarzen Druckknopf, Ø 15 mm
Seidenpapier für das Schnittmuster, Bleistift, Nähnadel
Stecknadeln, Maßband, Schere

Schnittmuster 8

Diese Jacke aus Polarfleece lässt sich sehr einfach nähen. Du musst keine Nähte versäubern, kannst einfach alles nur um- und zusammennähen.

• Schaue zuerst in der Gewusst-wie-Kiste (S. 67, 1) nach. Dort findest du alles, was du am Anfang wissen musst. 7. spielt hier keine Rolle. Du hast dich schlau gemacht und kannst beginnen.

• Lege das Schnittmuster der Vorderteile und des Rückenteils auf deinen Stoff, so wie du es auf dem Schnittmusterbogen siehst. Dann schneidest du den Stoff zu.

Sommertop

Das brauchst du

Baumwollstoff, 60 cm passendes Schrägband, 125 cm lang
passendes Nähgarn
Seidenpapier für das Schnittmuster, Bleistift, Nähnadel
Stecknadeln, Maßband, Schere

Schnittmuster 10

• Lies zuerst in der Gewusst-wie-Kiste (S. 67, 1) nach. Dort findest du alles, was du am Anfang wissen musst.

• Schau dir die Zeichnung auf dem Schnittmusterbogen an. Dort siehst du, wie du die beiden Teile aufsteckst. Falte den Stoff mit den Webkanten zur Mitte hin.

• Du hast beide Teile zugeschnitten. Nähe sie nun zusammen. Achte auf die Zahlen in der Zeichnung.

• Lege die beiden Teile mit den „schönen" Seiten aufeinander. Nähe zuerst die beiden Schulternähte, von der **1** zur **2**, erst die eine Schulter, dann die andere. Bügle die Nähte glatt auseinander.

• Nähe nun die Seitennähte zusammen, von der **3** zur **4.** Bügle die Nähte glatt auseinander. Schon sieht alles wie ein Top aus. Probiere es an.

• Hat das Top die richtige Länge? Möchtest du es kürzer? Denke daran, dass der untere Saum noch nicht genäht ist. Du brauchst dafür 5 cm, erst einmal 1 cm und dann noch einmal 4 cm. Den Saum nähst du genauso wie für das Träger-Top (siehe S. 46).

• Jetzt sind die Armausschnitte an der Reihe: Beginne unten bei der Seitennaht, dort sieht man die Ansatzstelle nicht. Nähe sie ganz schmal um. Falte den Stoff 0,5 cm, dann noch einmal 0,5 cm nach innen um (siehe Top mit Schleife auf S. 42).

• Die Ärmel sind fertig und nun versäuberst du den Halsausschnitt mit Schrägband.

Beginne hinten in der Mitte des Ausschnitts, auch da sieht man die Ansatzstelle kaum. Wie man ein Schrägband annäht, erfährst du in der Gewusst-wie-Kiste (S. 71 – 72, 17). Wenn du einen sehr dünnen Stoff für dein Top gewählt hast, nähst du das Schrägband nur an den beiden Schulternähten des Armausschnittes und hinten am Halsausschnitt mit drei oder vier Überwendlingsstichen fest (Gewusst-wie-Kiste, S. 75 – 76, 21). Das Schrägband bleibt so am Platz, ohne dass man um den Ausschnitt herum Stiche sieht.

• Willst du das Top noch ein bisschen aufregender machen? Dann schau einmal in die Ideen-Kiste (S. 78, 6).

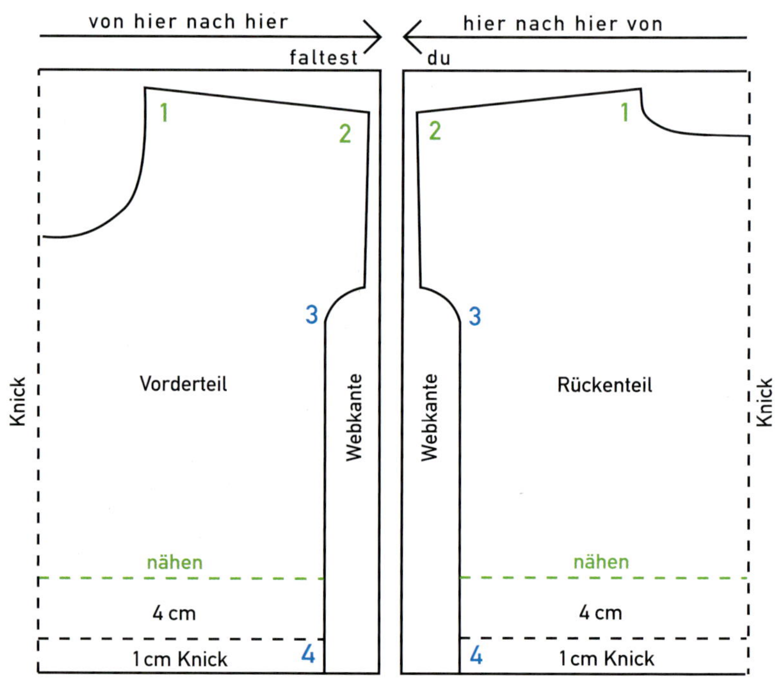

Das geht schneller und das Ganze wird nicht so dick. Der Button lässt sich dann leichter zusammendrücken.

- Wenn du alles gestickt und gemalt hast, bastelst du den Button. Er hat einen „Deckel", einen Boden und eine kleine Sicherheitsnadel. Trenne Deckel und Boden voneinander. Du musst dazu die kleine Sicherheitsnadel abnehmen. Lege den Deckel auf deine Stickerei. Achtung, ganz wichtig: Schau nach, dass der Knopfsteg richtig gedreht ist, sonst ist dein Motiv „schief". Auf der Unterseite hat er kleine Zähnchen. In die hängst du jetzt deinen Stramin, sodass die Stickerei in der Mitte, ohne Falten und mit der schönen Seite nach oben liegt. Der Stramin ist ein wenig bockig? Stramin wird mit Stärke behandelt, weil er dann härter wird und sich besser besticken lässt. Deshalb feuchtest du ihn ein bisschen an (wirklich nur ein bisschen). So geht's leichter.

- Der ganze Stoff ist jetzt unten im Deckel und du presst den Boden darauf. Wenn du das eingestanzte P und R richtig lesen kannst, sie also nicht spiegelverkehrt liegen, dann ist das die Seite, die am Schluss obenauf sein muss.

- Jetzt heißt es, richtig fest drücken. Es macht „knack" – und der Button ist fertig.

Tipps

Du kannst aus diesen Stickereien auch Applikationen sticken. Dann schneidest du den Stramin nicht rund, sondern in irgendeiner Form, die dir gefällt, aus.

Gespenst

Das brauchst du

Stramin, 10 cm
dunkelblauen Filzstift, Schere
stumpfe Sticknadel, Stärke 20
Buttonschale zum Überziehen, Ø 38 mm

Stickgarn
Gespenst: weiß (z. B. Nr. 2)
Mund: rot (z. B. Nr. 46)
Augen: schwarz (z. B. Nr. 403)
Hintergrund: dunkelblau (z. B. Nr. 150)

- Zähle vom Mittelpunkt **M** 8 Kästchen nach unten. Bei der **1** beginnst du zu sticken. Zuerst ist das kleine Gespenst in Weiß an der Reihe. Es geht immer hin und her, Reihe 1 bis Reihe 8. Damit es dir nicht langweilig wird, passiert etwas Neues in Reihe 9 bei **A:** Hier lässt du zwei Kästchen für den Mund frei.

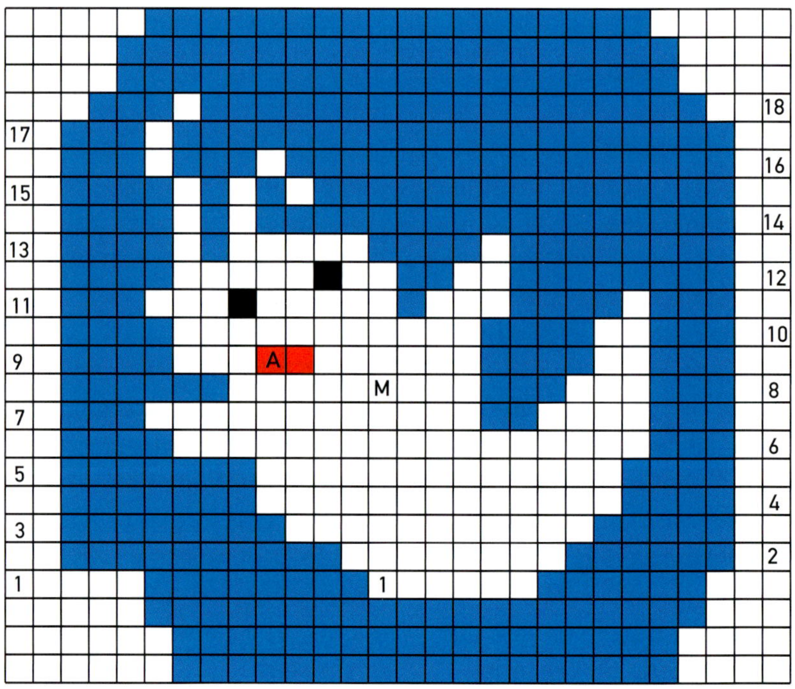

Gewusst-w

Rechte und linke Seiten

Wenn ich von rechter o
ker Seite schreibe, mei
immer rechts oder link
das Nähstück vor dir li
Sind die Außen- oder In
te eines Stoffs gemeint
be ich von der „schöne
„nicht so schönen" Seit
Fachsprache werden A
und Innenseite eines S
auch als rechte und lin
bezeichnet). Die „schön
wird beim fertigen Klei
stück nach außen getr
bedruckten Stoffen kan
sie leicht erkennen, da
Muster hier deutlich zu
ist.

Webkanten

So heißen die festen K
rechts und links am St
sind so dicht gewebt, d
nicht ausfransen.

- In Reihe 10 stickst du wie gehabt. Aber dann, in der 11. Reihe, lässt du ein Kästchen frei für das eine Auge: Sticke drei Kreuzstiche, lasse ein Kästchen offen und sticke weiter.

- In der 12. Reihe stickst du zwei weiße Kreuzchen, lässt zwei Kästchen offen (für den Nachthimmel), stickst zwei Kästchen und lässt ein Kästchen wieder frei (für das zweite Auge).

- Jetzt stickst du weiter hin und her, bis das Gespenst fertig ist.

Sticke in die leeren Kästchen Augen und Mund.

- Zum Schluss kannst du um das ganz Gespenst noch einen blauen Nachthimmel sticken. Auf der Stickvorlage habe ich ihn dir schon einmal eingezeichnet.

Schmetterling

Das brauchst du

Stramin, 10 cm
goldgelben Filzstift, Schere
stumpfe Sticknadel, Stärke 20
Buttonschale zum Überziehen, Ø 38 mm

Stickgarn
Schmetterling: braun (z. B. Nr. 352), schwarz (z. B. Nr. 403), orange (z. B. Nr. 332), pink (z. B. Nr. 88), grün (z. B. Nr. 924), lila (z. B. Nr. 112)
Hintergrund: gold (z. B. Nr. 300)

- Zähle vom Mittelpunkt **M** sieben Kästchen nach unten und ein Kästchen nach links. Hier beginnst du bei der **1** mit dem Körper. Du stickst zuerst in Braun die eine Seite des Körpers und den Fühler: von der **1** bis zum **A.** Das war der erste Streich, doch der zweite folgt sogleich: Sticke von der **2** bis zum **B** die zweite Körperhälfte und den zweiten Fühler.

- Jetzt stickst du die beiden unteren Flügelteile, zuerst in Schwarz: Zähle vom Körper zwei Kästchen nach links, die lässt du leer. Bei der **3** beginnst du und stickst rundherum bis zum **C.**

- Den unteren rechten Flügel stickst du genauso und gehst vom Körper zwei Kästchen nach rechts. Bei der **4** stickst du einmal rundherum bis zum **D** und die beiden Umrandungen für die unteren Flügel sind fertig.

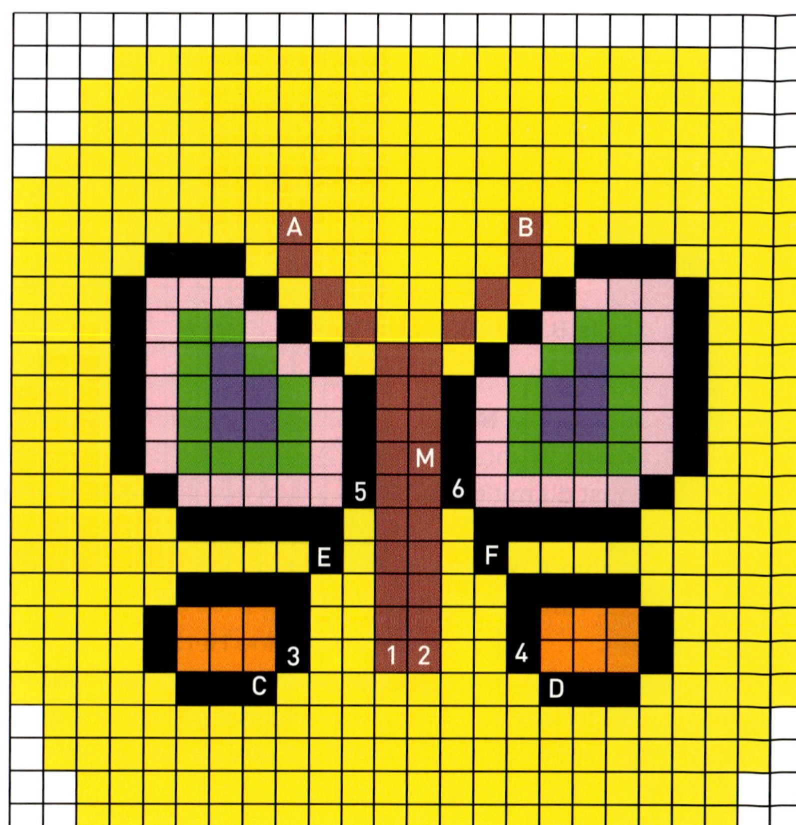

• Das Innere der
gel stickst du mi
Es sind jeweils s

• Weiter geht's m
Flügeln, zuerst w
Schwarz. Zähle a
der **1** sechs Stich
Stich bei der **5** ei
rundherum bis z

Herz

Das brauchst

Stramin, 10 cm
pinkfarbenen Filz
Schere
stumpfe Sticknad
Buttonschale zum
Ø 38 mm

Stickgarn
Herz: dunkellila (
lila (z. B. Nr. 110),
Nr. 108)
Hintergrund: pink

• Zähle vom Mit
sieben Kästcher
Bei der 1 beginn
Garn in Dunkell
rundherum bis
stickst du in Lila
von der 2 zum B

• Jetzt füllst du
Kästchen in der
lila aus – von de

4 Bommelmütze

Statt der Bommeln kannst du auch Blumen nehmen. Oder du nähst lauter bunte Knöpfe um die ganze Mütze herum. Statt Bommeln, Knöpfen oder Blumen kannst du auch bunte Bändchen herunterhängen lassen, ähnlich wie bei dem Sommertop (siehe unten).

5 Träger-Top

Du kannst die Träger mit Druckknöpfen befestigen und hübsche Knöpfe darübernähen. Da das Top oben einen Gummizug hat, kannst du nun die Träger einfach abknöpfen und es trägerlos tragen.
Oder du kannst die beiden Träger am Rücken in der Mitte anknöpfen. Wenn du möchtest, nähst du einen etwas längeren Träger, legst diesen um den Hals und befestigst ihn vorne mit einem Knopf.

6 Sommertop

Noch hübscher wird das Top mit einem Gürtel. Der Gürtel auf dem Foto von Seite 57 ist 150 cm lang. Wie du ihn nähst, habe ich dir bei den Täschlein auf Seite 18 erklärt.
Du nähst ihn ganz genauso wie die Träger.
Auch mit einem gestickten Button kannst du dein Sommertop hübsch verzieren. Zu gestickten Buttons findest du eine genaue Anleitung auf Seite 62 – 65.
Noch nicht schön genug? Dann nähe oder stecke mit einer Sicherheitsnadel unter dem Button Satinbänder fest: 1 cm breit, unterschiedlich lang (20 bis 30 cm, in verschiedenen Farben). Fädle an jeder Seite eine Perle auf und verknote die Enden, damit die Perle nicht herausrutscht. Du brauchst natürlich für jedes Bändchen zwei Perlen in vielen Farben!

7 Rocktasche für Midi-Rock

Auf dem Foto von Seite 35 siehst du, dass der Midi-Rock an der Seite eine Tasche hat. Sie ist genauso genäht wie die Taschen mit Klappe von Seite 16. Einziger Unterschied: Die Rocktasche ist etwas kleiner, hat keine Träger und natürlich keine Pappe im Inneren. Das wäre sicherlich richtig unbequem. Abgesehen davon mag ich mir gar nicht vorstellen, was sie beim Waschen anstellen würde. Das Taschenfutter wurde übrigens aus dem gleichen Stoff genäht.
Fertig genäht, ist die Rocktasche 14 cm breit und 16 cm hoch. Du schneidest dir deshalb zwei gleich große Stoffstreifen, 17 cm breit und 40 cm lang zu. Wie ich auf diese Maße komme? Das ist die fertige Größe zuzüglich der Nahtzugabe.
Du hast die Tasche genäht. Stecke sie mit Stecknadeln seitlich auf den Rock, in der Höhe, die dir gut gefällt. Hefte sie an drei Seiten fest und dann nähe sie an. Erst die eine Längsseite, dann die untere Seite und danach die zweite Längsseite. Wie du unten um die Ecke kommst, erkläre ich dir genau in der Gewusst-wie-Kiste (S. 68, 5).

Und wenn dir das alles noch nicht schön genug ist, kannst du einen oder zwei Knöpfe auf die Taschenklappe nähen. Möchtest du, dass die Tasche sich richtig verschließen lässt, nähst du auf die Vorderseite der Tasche und auf die Innenseite der Klappe einen Druckknopf.

8 Gürtel und Gürteltäschchen

Das brauchst du

20 cm Stoff
3 kleine goldene Knöpfe
1 Druckknopf oder Gürtelschließe

Das Nähen ist ganz einfach. Du nähst das Täschchen wie die „Tasche mit Klappe" auf Seite 16. Du kannst den gleichen Stoff zum Füttern nehmen oder irgendeinen Rest, den es bei euch zu Hause gibt. Den Gürtel nähst du genauso wie einen Träger (siehe S. 18 und Gewusst-wie-Kiste, S. 70, 15).
Damit du weißt, wie lang der Gürtel werden muss, legst du dir das Maßband um die Taille, gibst noch 5 cm dazu und hast dann die genaue Länge.
Am einfachsten schließt du den Gürtel mit einem Druckknopf. Ganz besonders schick wird er natürlich mit einer Schließe, wie du sie auf dem Foto unten siehst.
Das Täschlein nähst du mit der Rückseite auf dem Gürtel mit Überwendlingsstichen fest. In der Gewusst-wie-Kiste (S. 75–76, 21) findest du alles Wichtige darüber.
Auf die kleine Taschenklappe kannst du den gleichen Knopf wie für die Hosenbeine nähen oder (wie auf dem Foto hier) drei kleinere Exemplare. Denn fast alle Knöpfe gibt es in Groß und Klein.